图书在版编目（CIP）数据

不可思议的大自然剖面图．热带雨林 /（英）亚历克斯·伍尔夫著；（英）伊索贝尔·伦迪绘；蔡维译．-- 北京：中信出版社，2023.4

书名原文：All the Way Down: Amazon Rainforest

ISBN 978-7-5217-5297-7

Ⅰ．①不… Ⅱ．①亚… ②伊… ③蔡… Ⅲ．①科学知识－儿童读物②热带雨林－儿童读物 Ⅳ．① Z228.1 ② P941.1-49

中国国家版本馆 CIP 数据核字 (2023) 第 023374 号

不可思议的大自然剖面图：热带雨林

著　　者：［英］亚历克斯·伍尔夫
绘　　者：［英］伊索贝尔·伦迪
译　　者：蔡维
出版发行：中信出版集团股份有限公司
（北京市朝阳区东三环北路 27 号嘉铭中心　邮编　100020）
承 印 者：北京尚唐印刷包装有限公司

开　　本：889mm × 1194mm　1/12　　印　　张：5　　字　　数：100 千字
版　　次：2023 年 4 月第 1 版　　印　　次：2023 年 4 月第 1 次印刷
京权图字：01-2022-3896　　审 图 号：GS 京（2022）0165 号（本书地图系原书插附地图）
书　　号：ISBN 978-7-5217-5297-7
定　　价：39.80 元

出　　品：中信儿童书店
图书策划：火麒麟
策划编辑：范萍
执行策划编辑：郭雅亭
责任编辑：谢媛媛
营销编辑：杨扬
封面设计：谢佳静
内文排版：柒拾叁号工作室

服务热线：400-600-8099
投稿邮箱：author@citicpub.com

不可思议的

大自然剖面图

热带雨林

[英] 亚历克斯 · 伍尔夫 著
[英] 伊索贝尔 · 伦迪 绘
蔡维 译

中信出版集团 | 北京

目录

为什么热带雨林这么重要呢？

1. 热带雨林的树木大量“呼出”氧气，“吸入”二氧化碳，能减少气候变化带来的影响。
2. 热带雨林帮助全世界的水保持循环。树木和其他植物通过叶子把水排出去，促进雨云的形成。
3. 热带雨林中树木的根能固定土壤。要是没有树根，土壤就会被雨水冲走，造成土壤流失。
4. 超过 3000 万种动植物生活在热带雨林。
5. 热带雨林被称为“世界上最大的药房”。超过 25% 的现代药物都是由热带雨林植物提炼而成的。

简介

热带雨林在亚洲、美洲、非洲，以及澳大利亚和许多太平洋岛屿上都有分布，位于赤道附近的热带地区，温暖而潮湿，生物种类极其丰富。虽然热带雨林仅占地球总表面积的 6%，但是，生活在这里的动植物种类却占全世界的 45% ~80%。

热带雨林的分层

热带雨林按结构可以分为多个层，包括露生层、林冠层、林下层和林地表层。每一层的阳光照射和降水量都不同，因此，各层的动植物分布也不大相同。河流是热带雨林的另一个生态系统。热带雨林的各个层并不是彼此分离的，在同一层生活的物种之间会相互影响，许多物种会离开它们居住的层进行跨层活动。

阅读指南

翻开这本书，开启一趟精彩的热带雨林之旅，从雨林的顶层到底层，一层一层去探索吧！观察栖息在各层的奇妙动物，了解它们是怎么在特定的环境下生活的。

祝你旅途愉快！

雨林河流

-30～0 米

热带雨林拥有世界上流域面积名列前茅的几条河流，而它们又是由数不尽的支流汇集而成的。

露生层
40～70 米
露生层由热带雨林中最高的树木组成。
林冠层
30～40 米
林冠层是热带雨林的“屋顶”，热带雨林中大部分的生物都生活在这一层。
林下层
5～30 米
林下层是一片阴凉之地，生长着树苗和低矮植物。
林地表层
0～5 米
这一层接收的阳光量极少，只有不到 2%的阳光能到达这里。
80米
70米
60米
50米
40米
30米
20米
10米
0米
-10米
-20米
-30米

什么是露生层？

露生层是热带雨林的最上层。在这一层，我们能看到最高的树的顶部。这些树长得很高，通常有 40 米，最高的可达 70 米。只有这样，它们才能穿过林冠层，接受阳光的照射。在热带雨林的多层结构中，露生层接收到的阳光照射最多、雨水量最大，承受的风力也最强。

动物

生活在露生层的动物普遍体形不大，体重较轻，这样才能在树顶那些纤细的枝丫上活动。在露生层和林冠层的上层生活的典型动物有树懒、松鼠猴、卷尾猴和蜘蛛猴，还有几种蝙蝠、蛇和蜘蛛。

授粉

露生层的风很大，利于种子传播。风将种子和花粉吹散到雨林的各个角落，这是授粉的必要条件。另外，在露生层生活的鸟类和昆虫在授粉过程中也扮演了至关重要的角色。它们在进食花蜜的时候，身上会沾上掉落的花粉颗粒，然后，这些动物会将花粉“搬运”到雨林的各个角落。

板状根

热带雨林的土壤层不怎么深厚，养分也不够丰富，因此，那里的树要长到露生层那么高，就必须把根向四周延伸，水平宽度需要达到 60 米。板状根系能为树木提供强大的支撑，还能从更大范围的土壤中汲取养分。此外，不同树的板状根缠绕在一起，盘根错节，互为支撑。

树

生长在露生层的树称为露生树，比如木棉和巴西坚果树。露生树的间距很宽，且通常有蘑菇形状的树冠。它们的叶子普遍很小，叶端尖细，表皮则像涂了一层蜡，能抵御强光的照射。露生层的天气变化很大，烈日、大雨和强风交替出现，因此，露生树必须有顽强的生命力，才能在这样严酷的自然条件下存活。

1. 白尾鸢雕
体长：44～60 厘米
寿命：10～15 年
2. 五彩金刚鹦鹉
体长：约 81 厘米
寿命：40～50 年
3. 角雕
体长：约 1 米
寿命：25～35 年
4. 王鹫
体长：67～81 厘米
寿命：20～25 年
5. 蜂鸟
图示物种：蓝顶妍蜂鸟
体长：5～13 厘米
寿命：3～7 年

高飞的鸟儿

亚马孙雨林的露生层是众多鸟儿的家园。在露生层生活的鸟儿能够自由自在地在森林上空盘旋，它们会俯冲而下捕捉猎物或攫取植物为食。在露生层，鸟巢的位置高，不易遭受到从下面爬上来的食肉动物的攻击。角雕和白尾鵟雕是这一层的顶级捕食者。

---

1 **白尾鵟（kuáng）雕** 这种猛禽喜欢在露生层捕食，这一层树木较少，不会影响白尾鵟雕展翅高飞。它们在空中盘旋，扫视周围的环境，伺机向猎物发动攻击。白尾鵟雕以小型哺乳动物和爬行动物为食，鸟类和昆虫也是它们的食物。

2 **五彩金刚鹦鹉** 这种大块头彩色鹦鹉生活在露生层和林冠层的上层。在这里，它们以高达 56 千米的时速飞行。它们或单独飞行，或两两结伴而行，偶尔还成群结队。果实和种子是它们的食物。

3 **角雕** 这种体形巨大、令人胆寒的猛禽，翅展长 2 米，爪长 13 厘米，比灰熊的爪还长。它们把巢搭在木棉树的高处。角雕捕食范围广，树懒、猴类等哺乳动物，以及爬行动物和鸟类都是它们的猎物。

4 **王鹫** 这种大型食腐鸟类拥有非常敏锐的视力。它们栖息在露生层最高的树枝上，搜寻下方的腐肉（动物尸体）。一旦发现目标，王鹫便成群俯冲而下，挤开其他食腐动物，抢夺食物。

5 **蜂鸟** 蜂鸟科的成员都是飞行高手。它们能在空中悬停、向后飞，甚至还能头朝下飞。蜂鸟飞翔时翅膀急速拍动，频率可达每秒 100 次，它们在露生层的树枝间来回穿梭，采花蜜，捉昆虫，忙个不停。

6 **斑眉林鸮（xiāo）** 这种猛禽在夜间捕食，大型昆虫、蝙蝠、啮齿动物、鸟类和树蛙都是它们的猎物。斑眉林鸮把巢筑在高高的露生层，这样，下面的爬行动物就没法偷袭它们的卵和雏鸟了。

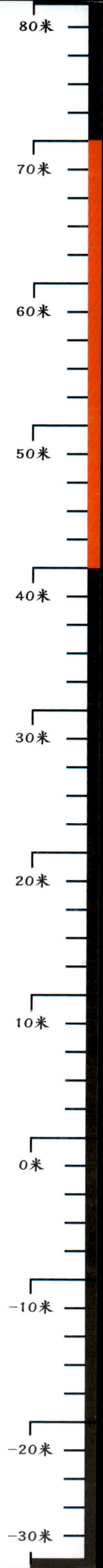

什么是林冠层？

露生层的下方，繁茂的枝叶交织在一起，形成了稠密的枝叶层，好似巨大的雨伞悬挂于森林之上，这就是林冠层。这一层的树叶吸收了约80%的阳光和大部分的降水，约有70%～80%的雨林生物生活在这一区域。林冠层通常位于离地面30～40米的位置。

架空索道

游客可以利用架空索道这种装置，来探索哥斯达黎加的热带雨林。这种架空索道连接了林冠层的各个观测台。看，高高的滑索上，游客可以体验空中穿越雨林的感觉。

观测林冠层

想要从地面观测林冠层可不容易，因此，科学家们想出了各种方法来研究林冠层。他们还在林冠层安装了一些观测设施，吸引了许多游客前来参观。

栖息地

对于生活在林冠层的动物来说，这里是理想的栖息地。和露生层不同，林冠层的内部较少受到极端天气的影响；而比起下面的层，林冠层又能接收更多的阳光和降水。林冠层的食物也很丰富，果实、种子、花朵和叶子应有尽有。

雨林吊桥

人们可以在雨林吊桥上观察林冠层。吊桥把树上搭建的观测台连在一起。游客们可以通过绳梯登上吊桥。现在，不少雨林吊桥、梯子和观测台都是用钢材料制作而成。

林冠层吊车

这些巨大的吊车是钢结构的，由建筑工地上使用的起重机改造而成，它们能将游客放置在 40~50 米高的位置。游客坐在吊臂下方的吊舱中，随着吊舱的移动，林冠层的大千世界一览无余。

飞艇探险家

一些科学家驾驶着飞艇在林冠层的上方飞行，悬挂在飞艇下方的吊舱可以在树林中穿梭。飞艇的发动机非常安静，不会打扰到野生动物。科学家甚至可以在树梢短暂停留，收集标本。

光合作用

林冠层中有数十亿片叶子，它们利用阳光，通过光合作用将二氧化碳和水等合成植物生长所需的养分，并释放氧气。有了光合作用，植物才得以生长，而枝繁叶茂、硕果累累的树木又为动物提供了食物来源。

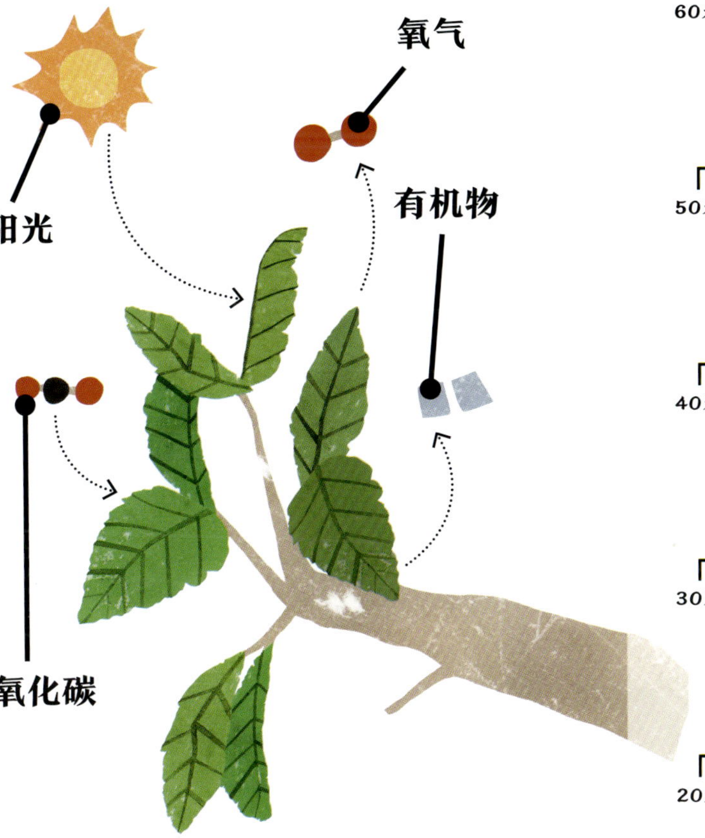

树木和其他植物

林冠层的植物中，最为常见的是高大的阔叶常绿乔木。一些浓密的藤蔓依附在这些树上向阳生长，它们的学名叫藤本植物。并不是所有林冠层植物的根都埋在地下，许多附生植物和气生植物把根附着在树枝和树干上。比起在地面上生长，这些生活在林冠层的附生植物能接受更多阳光的照射和雨水的滋润。附生植物包括部分兰科植物、凤梨科植物、苔藓和地衣等。

1. 松鼠猴
体长（不含尾巴）：
25～35 厘米
寿命：15 年
2. 白秃猴
体长：40～45 厘米
寿命：15～20 年
3. 滑翔蚁
体长：约 12 毫米
滑翔降落在同一棵树上的概率：85%
4. 滑翔树蛙
体长：48～72 毫米
寿命：5.5 年

摆荡者和滑翔者

乍一看，林冠层就像一个由茂密的枝叶形成的整体，密不透风。不过实际上，林冠层的树很少交错在一起，通常它们会相隔 1 米左右。或许正是因为间距的存在，才能防止病虫害在树木间传播。而生活在树上的动物们必须想方设法，通过攀爬、摆荡、跳跃和滑翔等方式，在树林里移动。

---

❶ **松鼠猴**　这种小型猴类过着群居生活，一个猴群成员数量最多时有 500 只。它们在林冠层中荡来跳去，速度飞快。由于体重较轻，它们可以轻松地爬到树梢采摘果实。松鼠猴在攀爬时不需要使用尾巴，但尾巴能帮助它们在运动中保持平衡。

❷ **白秃猴**　这种猴类尾巴较短，但它们依靠四肢就能灵活地穿梭于林冠层。白秃猴以坚果等果实、树叶和某些昆虫为食。短短一天的时间，它们就可以行走 4.8 千米。

❸ **滑翔蚁**　这种蚂蚁栖息在树上，已经进化出了滑翔的能力。如果滑翔蚁从树枝上掉下来，或者被击落，它们能在空中控制自己的身体，滑翔回同一棵树上。它们利用后腿、扁扁宽宽的头部和像翅膀一样的腹部，来控制滑翔的方向。

❹ **滑翔树蛙**　这种树蛙的四肢外侧皮肤上长着条纹。它们的脚蹼很大，跳跃时张开四肢，展开脚蹼，就像降落伞一样。这类树蛙在树枝间滑翔的距离可达 15 米，甚至更远，这是它们逃避天敌袭击的好办法。

❺ **白面卷尾猴**　这种猴类在林冠层爬行时，几乎完全依靠强大的后肢力量，因此，它们的手臂可以轻松地采摘或携带食物。曾经有人亲眼看到，白面卷尾猴能在垂直的树干上直立行走。

❻ **黑蜘蛛猴**　这种猴类的四肢非常长，尾巴也很长（最长可达 85 厘米），它们是攀爬高手。黑蜘蛛猴的尾巴有出众的缠绕能力，能把树枝牢牢缠住，因此，当黑蜘蛛猴在树上攀爬或者摆荡的时候，尾巴就成了它们的“第五肢”。

1. 巨嘴鸟
图示物种：彩虹巨嘴鸟
体长：2~63 厘米
（喙长：19 厘米）
寿命：20~25 年
2. 鹦鹉
图示物种：喜庆亚马孙鹦鹉
体长：25~100 厘米
寿命：5~75 年
3. 鹟䴕
图示物种：棕尾鹟䴕
体长：14~34 厘米
体重：17~75 克
4. 仙唐加拉雀
体长：13.5~15 厘米
体重：17~23 克

树枝上的鸟儿

热带雨林的林冠层吸引了许多鸟类停留，因为这里不仅食物丰富，还是很好的庇护所，使它们免受天气的影响。生活在林冠层的鸟类往往叫声响亮，这样茂密的枝叶才不会影响它们相互交流。有些鸟类的羽衣色彩斑斓，这是它们吸引配偶的方式。

---

1 巨嘴鸟 这种鸟以巨大的鸟喙而闻名，它们大大的喙可以用来摘树上的果实，还能用来捕获昆虫、蛙类等小型猎物。巨嘴鸟很少进行长距离飞行，它们往往只是挥动短翅，在树枝间短距离滑行。

2 鹦鹉 亚马孙热带雨林中居住着多种鹦鹉。鹦鹉通常保持直立的姿势，羽毛大多色彩鲜艳，喙是弯的，爪子长而锋利，有四个脚趾，两个向前，两个向后，方便它们攀爬和抓取食物。

3 鹟䴕 鹟䴕栖息在林冠层的树枝上，在森林中的小溪附近也能看到它们的身影，这种鸟捕食昆虫（如蝴蝶和蜻蜓）。在空中，它们张开尖锐的长喙，向昆虫发动突然袭击。鹟䴕的羽衣色泽明亮，五彩斑斓。

4 仙唐加拉雀 这种色彩斑斓的鸣鸟，羽衣有七种不同的颜色。它们大部分时间都在林冠层的上层度过，偶尔飞到林冠层的下层，寻找果实和昆虫。

5 凤尾绿咬鹃 这种漂亮的鸟类通体呈绿色，只有胸部是红色的。雄性凤尾绿咬鹃的尾羽出奇地长。它的羽毛色泽明亮，颜色像林冠层的叶子一样，呈翠绿色，这种伪装能帮助它们躲避天敌。对于飞行能力不强的鸟类来说，这种伪装非常重要。

6 蓝伞鸟 蓝伞鸟的样子像鸽子，它们羽毛丰满，主要以果实为食。雄性蓝伞鸟羽毛呈亮蓝色，而雌性羽毛呈深棕色。雄性蓝伞鸟通常一动不动，栖息在林冠层的高处，头顶的蓝天和它们明亮的蓝色羽毛融为一体，形成伪装，使天敌难以发现它们。

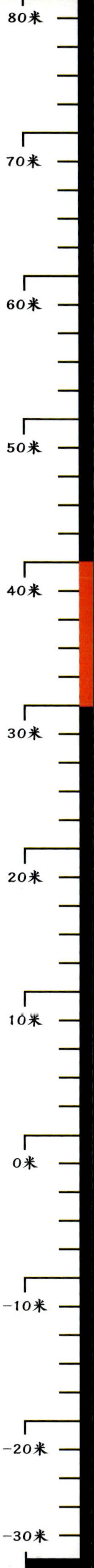

1. 蜜熊
体长：82～133 厘米
寿命：20 年
2. 吼猴
体长（不含尾巴）：56～92 厘米
寿命：15～20 年
3. 三趾树懒
体长：42～80 厘米
寿命：25～30 年
4. 黄腹倭松鼠
体长（不含尾巴）：12～16 厘米
体重：86～132 克

以果实和花为食

林冠层里生活着许多哺乳动物，它们以植物的花、叶和果实为食。其中，有些动物具有独特的消化系统，生来就适合吃树叶，例如树懒和吼猴。还有些动物，比如翼手类动物蝙蝠和啮齿类动物，它们更喜欢吃浆果、花朵和花蜜。

---

1 **蜜熊** 这种哺乳动物属于浣熊科，非常适应树栖生活。蜜熊的尾巴缠绕力强，可以将身体倒挂在树上。它们的后腿可以向后翻转，因此，它们能以头朝下的姿态从树上爬下来。蜜熊主要吃植物（如无花果）的果实和花蜜，长达 12 厘米的舌头可以帮助它们舔食花蜜。

2 **吼猴** 这种猴类体形较大，吼叫声异常响亮，可以传 5 千米远。吼猴有着敏锐的嗅觉，可以嗅到 2 千米区域内果实的气味。吼猴还长着一条善于缠绕的长尾巴，在它们攀爬和采摘果实时，尾巴能派上大用场。

3 **三趾树懒** 这种哺乳动物住在林冠层的高处。它们悬挂在树枝上，用长长的弯爪牢牢地抓紧树枝。三趾树懒行动缓慢，身体呈绿色（因为皮毛上长满绿色的藻类和地衣），因此很难被天敌察觉。

4 **黄腹倭（wō）松鼠** 这种啮齿类动物一生都在树上度过，连巢穴都搭在树上。黄腹倭松鼠的四肢出奇地长，因此，它们可以轻松攀爬大树，在树枝上飞来跃去。它们以果实、树皮和昆虫为食。

5 **小叶吻蝠** 这种小型蝙蝠以果实为食，果实中的种子可以“毫发无损”地经由它们的消化系统排出，所以，小叶吻蝠称得上是播种能手。它们用树叶搭建像帐篷一样的窝，白天躲在窝里睡大觉，晚上才出来觅食，主要的觅食时段是在黄昏之后和黎明之前。

6 **狮面狨** 这种小型猴类身披亮橙色的皮毛，面部皮毛长且厚，像狮子的鬃毛。清晨的时候它们采果实吃。上午晚些时候和下午，它们用锋利的爪子在树的裂缝中寻觅昆虫。它们栖息在树洞里和藤蔓或附生植物上。

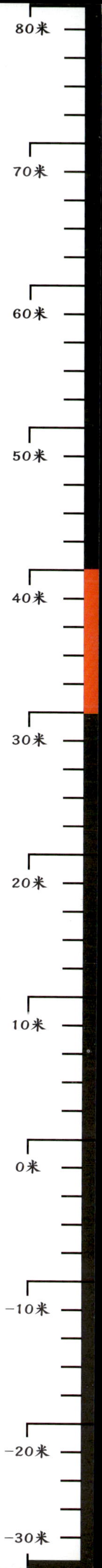

1. 长尾虎猫
体长：48～79 厘米
（尾长：33～51 厘米）
寿命：长达 18 年
2. 睫角棕榈蝮
体长：55～82 厘米
寿命：10 年
3. 特立尼达壁虎
体长：6～8 厘米
寿命：10～20 年
4. 红尾蚺
体长：最长约 4 米
寿命：约 20 年

林冠层的食肉动物

在雨林林冠层茂密的枝叶下，潜伏着一些食肉动物。它们通常体形不大，但动作迅猛且悄无声息，堪称突袭高手。当它们逼近猎物时，猎物往往毫无戒备。

---

1 **长尾虎猫** 这种猫的一生可能都是在树上度过的，林冠层的鸟类和猴类是它们的猎物。长尾虎猫是攀爬能手，它们会用爪子抓紧树枝，然后一跃而起，高度可达 3.7 米。它们的踝关节能旋转 180 度，所以它们可以从树上垂直爬下来。

2 **睫角棕榈蝮** 这种有剧毒的蛇一生都在林冠层上度过，以小型哺乳动物和鸟类为食。有时，它会故意抖动尾巴，模仿扭动的蠕虫，吸引好奇的猎物。睫角棕榈蝮的鼻孔和眼睛之间分布着一些对热量十分敏感的颊窝，能探测周围是否有恒温动物的踪迹。

3 **特立尼达壁虎** 这种动物属于蜥蜴目，一生都生活在林冠层，以蟑螂、毛虫和蚂蚁为食。它们不主动狩猎，只是静静地等待猎物靠近，然后嗒的一声，突然吐出黏稠的舌头，缠住猎物。

4 **红尾蚺（rán）** 红尾蚺是一种大型树栖蛇，尾巴强壮有力，抓住猎物的时候，它们会用尾巴把身体悬挂在树枝上，再用身体缠绕猎物使其窒息，然后吃掉。红尾蚺的皮肤可以形成伪装，帮助它们神不知鬼不觉地攻击猎物。

5 **南美浣熊** 这种浣熊过着群居生活，在林冠层游荡觅食，群体数量最多可达 25 只。它们以果实、昆虫、蜥蜴、啮齿类动物和小型鸟类为食。南美浣熊互相交流时，会发出各种嘈杂的声音，时而叽叽喳喳，时而扑哧扑哧，时而咕噜咕噜。

6 **箭毒蛙** 箭毒蛙科的大部分蛙类皮肤色泽鲜艳，仿佛在警告所有的捕食者别妄想吃它们，它们有剧毒。一只黄金箭毒蛙的毒液足以杀死十几个成年人。箭毒蛙的毒液源自它们的食物，包括一些有毒昆虫和蜘蛛。

1. 蓝闪蝶
体长：翅展 13～20 厘米
寿命：115 天
2. 猎蝽
（图示物种：二分锥蝽）
体长：4～40 毫米
寿命：1～2 年
3. 螳螂
（图示物种：韦氏蜂螳）
体长：13～150 毫米
寿命：1 年
4. 拟叶螽斯
体长：10～60 毫米
寿命：2～3 年

树上的昆虫

亚马孙雨林中生活着大约 250 万种昆虫，其中林冠层里生活的昆虫最多。仅仅一棵树上就有约 700 种甲虫！热带雨林的昆虫往往比其他地方的昆虫体形更大，并且色彩更为丰富。

---

❶ **蓝闪蝶** 蓝闪蝶在振翅时，蓝色翅膀会闪烁绚烂的光芒，用以震慑其他动物；休息的时候，蓝闪蝶会收起翅膀，把灰褐色的翅膀底部展现出来，这种像枯叶一样的颜色是它们的伪装。当蓝闪蝶还是毛虫的时候，会释放出一种闻起来很恶心的油，以此防御天敌。

❷ **猎蝽** 猎蝽科是昆虫纲一个数量庞大的科。猎蝽会在捕杀蚂蚁后，把尸体背在身上作为伪装，来掩饰自己的外观和气味。这种聪明的昆虫还会用足蘸取树液，让足变得有黏性，方便它们从空中抓捕蜜蜂。

❸ **螳螂** 这种昆虫可以将头旋转 180 度，用 5 只眼睛观察周围的环境。它们的身体呈绿色或棕色，这是一种伪装。螳螂的前足上长着利刺，捕捉猎物时动作极快。

❹ **拟叶螽（zhōng）斯** 这种昆虫经过演化，已经拥有了在林冠层生活的完美伪装。它们看起来和树叶一模一样，而且每只拟叶螽斯的外表都略有不同。因此，它们的天敌——猴类必须非常仔细搜寻叶子，才可能发现隐藏在其中的拟叶螽斯。

❺ **兰花蜂** 兰花蜂身披彩甲，很容易辨认。它们喜爱林冠层兰科植物花朵的香味，许多兰科植物同样依赖这些蜜蜂进行授粉。

❻ **切叶蚁** 这种蚂蚁将叶子“种植”在地下的蚁穴中。叶子腐烂后，上面会长出一种真菌，成为切叶蚁的食物。蚁群中分工明确，有的蚂蚁负责切割叶子，有的负责运输叶子，有的负责保卫蚁穴，有的负责培育真菌。

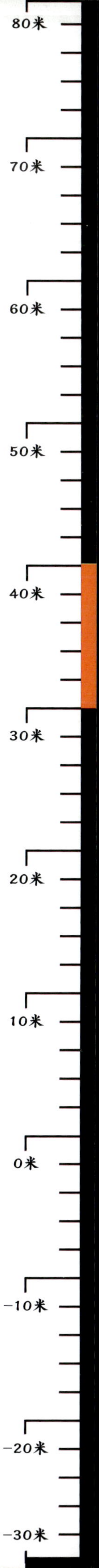

什么是林下层？

林冠层之下和森林地面之上的空间，是雨林的林下层。这里温暖、阴暗、潮湿，没有一丝风，雨水透过林冠层茂密的枝叶不断滴落下来。林下层的光照很少，温度比较稳定，不像上一层（林冠层）那样温度变化剧烈，而且总是湿漉漉的。这种环境适合叶子宽大、喜阴凉的藤本植物、蕨类植物、苔藓和真菌生长，它们又为生活在林下层的动物提供了食物来源和栖息地。

昆虫的世界

林下层温暖而潮湿，非常适合昆虫生存。泰坦甲虫是世界上最大的昆虫之一，体长可达 16.7 厘米，以林下层的腐木为食。

树荫下的生命

由于林下层的光照不足，那里的植物往往比较矮小。除了一些喜阴的植物，林冠层树木的幼苗也位于这一层，这些幼苗需要在林下层生长数十年，才能闯入上面的林冠层，长成参天大树。

花朵

林下层昏暗的光线下，生长着蝎尾蕉、姜和西番莲这样的植物，它们的花朵有的形状巨大，有的色彩鲜艳，很容易吸引昆虫和鸟类前来授粉。另一些花朵则不同，它们通过气味来吸引授粉者，比如，兰科植物会释放出芬芳的花香。还有某些兰科植物和大花草，它们会散发出腐肉的臭味，吸引苍蝇前来。

真菌

蕈菌等真菌通常生长在林下层的树木上。它们并不进行光合作用，能在阴凉的地方很好地生存。只要有潮湿或者枯败的树木，它们就能依附在上面生长。

苔藓

苔藓是一种不开花的小型植物，它们聚集在一起生长，非常茂密，像一大片绿色的垫子。林下层的环境潮湿而阴暗，非常适合苔藓生长。

地衣

地衣是藻类和真菌共生的复合体。真菌从外界吸收水分并为藻类提供保护，藻类则通过光合作用为真菌提供营养。地衣生命力旺盛，即使在林下层潮湿的环境中也能茁壮成长。

1. 香蕉树
高度：约 5 米
寿命：约 6 年
2. 可可树
高度：约 15 米
寿命：约 25 年
3. 兰科植物
图示物种：石斛兰
已知兰科植物的数量：约 2.5 万种
寿命：长达 100 年
4. 木质藤本植物
高度：高达 100 米
直径：可达 60 厘米
5. 蝎尾蕉
图示物种：黄苞蝎尾蕉
已知蝎尾蕉属植物数量：约 250 种

林下层的植物

林下层的植物大多叶子很大，正因为如此，从茂密的林冠层中透出的少许阳光和滴下的少许雨水，都能被它们充分吸收。气生植物依附在树木上生长，从空气中汲取养分。藤蔓植物则缠绕着附着的树木，一点一点往上爬，爬向林冠层。

---

1 **香蕉树** 林下层是香蕉树的乐土。它不高，但生长速度很快。它的叶子很大，能充分吸收阳光，叶面上有许多纹路，像一条条管道将雨露输送到根部。香蕉树的根系发达，根须四处伸展，能延伸 5.5 米的范围，从土壤中汲取大量的养分。

2 **可可树** 在林下层，可可树茁壮成长，可可脆弱的种子能避免阳光的暴晒和狂风的肆虐。可可结出的果荚，会吸引一种蠓前来安家，而为可可授粉的任务，也主要是这种蠓完成的。把可可的种子烘干后再研磨成粉末，就可以用来做巧克力了。

3 **兰科植物** 兰科植物会长出多余的茎（学名叫假鳞茎）。这种特殊的茎能储藏水分，帮助兰科植物度过干旱时期。兰科植物的花朵色泽明艳，会散发强烈的气味，有些授粉动物，比如天蛾和兰花蜂，特别偏爱这种气味。

4 **木质藤本植物** 木质藤本植物总是缠绕着树木生长，它们不断向上攀爬，只为能吸收到上方的阳光。这种植物并不需要强壮的茎，它们把“精力”都集中在叶子上，因而叶子长得尤其茂盛。

5 **蝎尾蕉** 这种植物依靠蜂鸟进行授粉。它的花呈管状，而蜂鸟的喙的形状独特，恰好能伸进去，吸取花蜜。蝎尾蕉的叶子和花朵也是一些动物的栖息地，比如某些蝙蝠、昆虫和蛙类。

6 **凤梨** 凤梨科植物的叶子厚厚的，上面像涂了一层蜡，这些叶子交错在一起，呈碗状，可以收集雨水。在这些“碗”里生活着许多动物，比如蛙类、蝾螈、蜗牛、甲虫和蚊子的幼虫。这些动物死亡后，尸体腐烂，变成了凤梨科植物的养分。

1. 美洲豹
体长：112～185 厘米
寿命：12～15 年
2. 侏儒狨
体长（不含尾巴）：117～152 毫米
寿命：12 年
3. 双线森蝮
体长：可达 1 米
寿命：约 10～25 年
4. 蚁鸫
（图示物种：亚马孙蚁鸫）
体长：8～45 厘米
体重：7～150 克

林下层的动物

林下层生活着许多不同种类的蝙蝠、猴类、蛇类、蜥蜴、昆虫和蛙类。这些动物隐匿在林下层昏暗的环境中，其中不少还是伪装高手。例如，褐蔓蛇能模仿树枝的形态，猫头鹰蝶的翅膀上长着像猫头鹰眼睛一样的斑纹，能吓退捕食者。

---

1. **美洲豹** 美洲豹是热带雨林下层的顶级捕食者，它既是攀爬高手，又是游泳健将。美洲豹的颌部非常强壮，能一口咬碎猎物的头骨。除此之外，它的皮毛上长有古钱状的斑纹，看起来既像树叶，又像林下层那斑驳的光影 。

2. **侏儒狨** 侏儒狨是世界上最小的猴类，它们在林下层生活，以树木分泌的树胶为食。侏儒狨的头可以旋转 180 度，能全方位监视天敌的行踪。它们锋利的爪状指甲可以紧紧地握住树枝。这种狨猴弹跳力强，可以跳跃 5 米高。

3. **双线森蚺** 双线森蚺生活在林下层的灌木丛中，还在棕榈树等树木上活动，溪流附近和森林空旷地带也能发现它的踪迹。这种蛇的尾巴缠绕力强，擅长用尾巴勾住树枝，伺机伏击猎物。鼠、鸟类、蜥蜴和蛙类都是双线森蚺的猎物。

4. **蚁鸫（dōng）** 这种鸟在林下层筑巢，主要吃空中的飞虫，也会从空中俯冲到林地表层捕捉昆虫。蚁鸫并不吃蚂蚁，但是会追随蚂蚁队伍。因为行军蚁的队伍浩浩荡荡前进时，昆虫会四处逃窜，这时蚁鸫就可以伺机捕捉逃窜的昆虫。

5. **大斗牛狗蝠** 这种大型蝙蝠在夜间通过回声定位捕食。它们不仅吃昆虫，还会通过观察水面波纹来定位猎物，用锋利的爪子从河里捕鱼吃。白天，它们就栖息在树洞里。

6. **红眼树蛙** 这种蛙类生活在近水的林下层树木之上，在树上产卵、抚育后代。它们白天躲在树叶下面，以树叶作为伪装，晚上捕食昆虫。黏糊糊的长舌头就是它们抓虫子的独门武器哟。

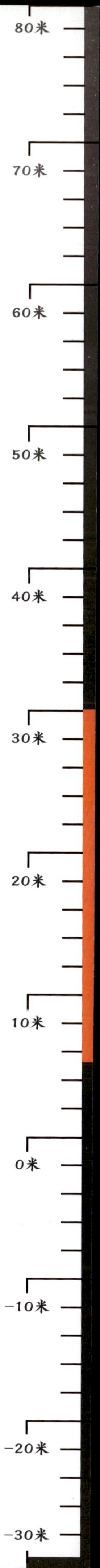

什么是林地表层？

林地表层是雨林所有分层中光线最暗的一层，仅有不到2%的阳光能到达这里。弱光的环境限制了植物的生长，因此，在林地表层，我们只能发现一些矮小植物、树苗、落叶以及树林的根系。

光缝

林地表层通常很暗，但偶尔有一棵大树倒下，上方就打开了一片明亮的空间，这就是我们所说的“光缝”。有些植物（比如姜、香蕉树、巴杉木和棕榈藤）生长速度很快，能迅速占据这块空间。但是，这些植物寿命不长，随着时间的推移，阔叶树繁茂的枝叶会迅速填满林冠层中这片缝隙。有了光缝，林地表层的许多树种才能吸收少许阳光，完成生命循环。

分解者

森林中的大多数有机物，包括植物、动物粪便和动物尸体，最终都会散落在林地表层。而白蚁、真菌和细菌会迅速将这些有机物分解，吸收其中的养分。这一过程非常高效，几乎不会有养分残留在土壤中。

种子和果实

果实从树上掉落到林地表层，啮齿类动物、鸟类及其他动物吃掉果实后，里面的种子随着粪便一道排泄出来。这一过程对于植物的生命循环非常重要，果肉香甜可口，成为吸引动物的诱饵。一般来说，这类植物的种子要么有毒性，要么带有难闻的味道，所以动物只会吃掉果肉，而把种子扔掉。

根系统

雨林地面往下约15~20厘米厚的土壤富含养分，这些养分来自腐烂的有机物。不过，再往下，土壤就变得比较贫瘠。因此，雨林植物的根通常扎得较浅，而且水平展开，这样才能吸收更多的养分。于是，许多植物的根从地面上冒了出来，在林地表层形成了巨大的根系网络。

2. 白唇西猯
体长：90～130 厘米
寿命：10～24 年
3. 无尾刺豚鼠
体长（不含尾巴）：50～77 厘米
寿命：13 年
1. 绿刺豚鼠
体长（不含尾巴）：30～39 厘米
寿命：10 年
4. 南美貘
体长：约 2 米
寿命：25～30 年

林地表层的食草动物

雨林里有大量的可食用植物，但大部分都生长在位于林地表层上方的林冠层，生活在地面的食草动物，只能吃上方掉落的果实、种子、叶子和花朵。因此，森林里的食草动物的体形往往比在开阔的草原上生活的食草动物小一些。这里最常见的是一些像猫一样大小的啮齿类动物，例如刺豚鼠属、长尾刺豚鼠属和无尾刺豚鼠属的动物。

---

❶ **绿刺豚鼠**　这种啮齿类动物的腿又细又长，后脚上长着三个像蹄一样的爪。绿刺豚鼠四处搜寻坚果和种子，然后将它们掩埋在地下，以便日后食用。受到惊吓时，它们会发出鸟鸣般的叫声，用两只后脚大步跳跃，拼命逃跑。

❷ **白唇西猯（tuān）**　这种动物体形像猪，过着群居生活。它们长着独特的下颌和犬齿，既能割断植物的根，又能轻松地碾碎种子。它们背部的腺体能散发出强烈的气味，同伴之间通过气味互相识别。此外，它们还用气味划分领地。

❸ **无尾刺豚鼠**　这种啮齿类动物生活在洞穴中，它们的洞深度可达 3 米，通常有两个入口，如果天敌来袭，它们就可以从备用的逃生通道逃走。无尾刺豚鼠往往近水而居，被追赶时，它们可以跳入水中游走。树上落下的果实、种子、叶子和草根都是它们的食物。

❹ **南美貘（mò）**　这种动物体形像猪。它们的鼻子非常灵活，可以自由伸缩，这有利于它们够到高处的植物。南美貘在傍晚和夜间活动，以浆果和嫩叶为食。

❺ **黑刺豚鼠**　这种无尾啮齿类动物与豚鼠有亲缘关系。它们晚上在洞穴中睡觉，白天吃树上落下的果实，也吃树叶、树根，偶尔还偷吃在地面筑巢的鸟儿的卵。它们喜欢通过掩埋的方式囤积食物。

❻ **黄腿象龟**　林地表层的环境昏暗潮湿，是黄腿象龟这种爬行动物的乐土。它们通常在白天活动，以果实、花叶、藤蔓、草根、树皮、蘑菇和动物尸体为食。此外，一些行动缓慢的动物也是它们的猎物。

1. 大食蚁兽
体长（不含尾巴）：182～217 厘米
寿命：14～16 年
2. 大犰狳
体长（不含尾巴）：75～100 厘米
寿命：12～15 年
3. 巴西漫游蜘蛛
体长（腿伸展后的全长）：约 15 厘米
寿命：1～2 年
4. 亚马孙巨人蜈蚣
体长：可达 30 厘米
寿命：约 10 年

林地表层的食肉动物

雨林中的动物大多栖息在林冠层，大多数食肉动物在树上活动。但是，也有一些食肉动物专门捕食在林地表层生活的动物。这些食肉动物包括蛇、蜘蛛、昆虫和一些哺乳动物。

---

1 大食蚁兽 顾名思义，这种哺乳动物以蚁类和白蚁为食，它们用有力的前肢挖掘蚁巢，然后伸出黏糊糊的长舌头捕食蚂蚁。大食蚁兽的视力较差，但嗅觉灵敏。

2 大犰狳（qiúyú） 这种哺乳动物身披由大量骨板和鳞板组成的“盔甲”，非常坚硬厚实。它们白天生活在地下洞穴中，夜晚出来活动。白蚁是它们的主要猎物。捕食时，它们伸出巨大的前爪挖掘蚁巢。

3 巴西漫游蜘蛛 这种毛茸茸的大蜘蛛不会织网，夜晚的时候，它们在林地表层徘徊，寻找猎物。巴西漫游蜘蛛吃昆虫和其他蜘蛛，有时也吃小型爬行动物和鼠类。它们有两种捕食方式：埋伏或者直接攻击。

4 亚马孙巨人蜈蚣 这种大型蜈蚣的侵略性很强，抓到什么就吃什么，昆虫、蜘蛛、蜥蜴、蛙类、蛇、鸟类、小鼠和蝙蝠都是它们的盘中餐。亚马孙巨人蜈蚣头部长着锐利的口钳，用来抓住猎物，然后注入毒液，使猎物麻痹或死亡。

5 珊瑚蛇 珊瑚蛇是热带雨林中外表最鲜艳的蛇类之一，也是最致命的蛇类之一。珊瑚蛇鲜艳的色彩是一种警戒色，用来警告捕食者远离它们。如果受到威胁，它们还会迅速钻入地下。珊瑚蛇的食物有小型哺乳动物、鸟类、蜥蜴和蛙类。

6 行军蚁 行军蚁在森林中成群结队、浩浩荡荡前进，一个蚁群里有多达数十万只蚂蚁。行军蚁的队伍最宽超过 20 米，最长可达 200 米，一支队伍每天能够消灭约 50 万只猎物，包括昆虫、蜘蛛等小型动物。

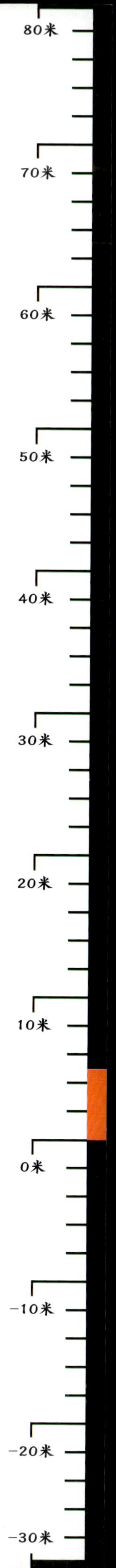

第三章：雨林河流

雨林河流中的生命

热带雨林中通常分布着河流。这些河流可能由许多支流汇聚而成。例如，亚马孙河拥有 1000 多条支流，其中有 17 条支流的长度超过 1500 千米。热带地区的河流蜿蜒曲折，缓缓流经雨林的平坦地带。亚马孙河流域地势低平，河流的坡度下降较小，每千米仅仅下降 2.8 厘米。

枯水期

旱季来临时，水流退去，河流和干涸的小湾中会显露出一个个小岛。许多鱼儿被困在森林的湖泊或河流浅滩中，很容易成为巨骨舌鱼、森蚺等食肉动物的猎物。为适应旱季的自然条件，有些鱼类甚至发育出了像肺一样的器官，能直接在空气中呼吸。

丰水期

一年中的某些时候，高地山脉的积雪融化，大量的雪融水由支流汇入雨林河流，导致水位急剧上升，森林被淹没。此时，鱼儿能自由自在地游入森林，寻觅植物掉落的果实和种子为食。丰水期也是雨林许多植物散播种子的机会。

黑水河和白水河

雨林河流有些是黑水河，有些是白水河。其实，白水河的颜色并非是白色，而是浑浊的棕色，这是因为附近森林的沉积物被冲刷到河中形成的。黑水河看起来黑乎乎的，这是因为河流中存在大量腐殖质。无论是黑水河还是白水河，亚马孙河流域的水体酸度都很高，因此，里面生活着大量喜欢酸性水质的鱼类，比如盘丽鱼、神仙鱼、骨舌鱼和阿氏霓虹脂鲤。

漂浮的草地

在丰水期，扎根在河床里的植物可能难以生存。于是，有些植物演化出了新本领，它们在河面漂浮移动，从河水里的有机物中吸取养分。这些植物茁壮成长，在河面形成面积庞大的漂浮草地，上面生活着多种生物，包括昆虫、软体动物、蠕虫、蜘蛛、螃蟹，以及水豚、海牛等哺乳动物。

干裂的土地
被淹没的雨林
黑水河
白水河
80米
70米
60米
50米
40米
30米
20米
10米
0米
-10米
-20米
-30米

1. 巨獭
体长：1～1.7 米
寿命：约 8 年
2. 水牛
体长：约 2.6 米
寿命：长达 25 年
3. 亚马孙海牛
体长：约 2.8 米
寿命：约 30 年

河流中的哺乳动物

亚马孙热带雨林中生活着大约 420 种哺乳动物，它们中的大多数已经适应在亚马孙河及其支流中生活，其中既包括像亚马孙河豚这样的水栖哺乳动物，也有像水豚这样的陆栖游泳高手。

---

1 巨獭 这种大型水獭身披浓密的皮毛，长着鳍一样的尾巴和蹼足，非常适应水中生活。它的主要食物是鱼，也吃蟹类、龟类、蛇类和小型鳄。这种动物的叫声多变，时而尖叫，时而发出喷鼻声，以吓跑入侵者或发出警报。

2 水牛 水牛自从 1895 年被人类带到亚马孙河流域后，便在这一区域繁衍生息。它们以水生植物为食，芦苇是它们最爱的食物。河水泛滥时，它们会憋气潜入水中，躲在水下吃草。不过，它们需要不时抬头换气。

3 亚马孙海牛 这种哺乳动物体形较大，长着像桨一样的前肢，游泳的时候用来划水。它们还长着像河马一样的鼻子。在雨季，它们吃水生植物，每天消耗相当于其体重的 8% 的食物。在旱季食物较少时，它们靠消耗身体里储备的脂肪度日。

4 蹼足负鼠 这种有袋类哺乳动物生活在河岸的洞穴中，日落之后才出来觅食，它们的食物包括鱼类、蟹类等河里的小动物。蹼足负鼠的皮毛短而浓密，能够防水。它们的后足上有蹼，尾巴也很长，这些都是它们游泳的“助推器”。

5 水豚 水豚过着群居生活，每群有 10~30 只。在靠近湖泊、河流、沼泽的地方，都能发现它们的踪迹。水豚是游泳高手，这多亏了它们脚趾间的小蹼。此外，它们可以在水下屏住呼吸长达 5 分钟，这是它们躲避天敌的妙招。

6 亚马孙河豚 亚马孙河豚也是群居性动物，但每群只有 2~4 只，亚马孙河水流汹涌的区域是它们生活的场所。这种动物在白天活动，以鱼类、龟类、蟹类和贝类为食。雄性亚马孙河豚会叼着树枝以吸引雌性的注意。

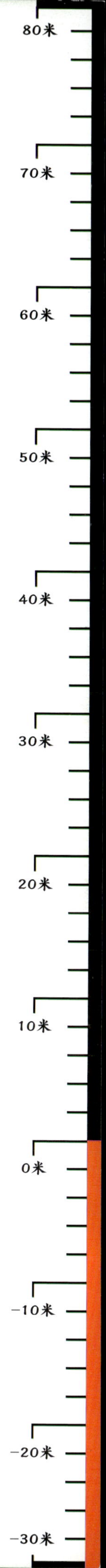

1. 眼镜凯门鳄
体长：1.4～2.5 米
体重：7～40 千克
3. 绿鬣蜥
体长：约 1.5 米
寿命：约 20 年
2. 蛇怪蜥蜴
体长（不含尾巴）：约 76 厘米
寿命：约 7 年
6. 森蚺
体长：约 5 米
寿命：约 10 年
4. 巨型侧颈龟
体长：40～71 厘米
寿命：约 20 年

河流中的爬行动物

亚马孙河流域生活着超过 450 种爬行动物，大多分布在河流和小湾中，或其他近水区域。这些爬行动物中，既有像森蚺这样的食肉动物，也有主要以植物为食的动物，例如绿鬣（liè）蜥。

---

1 眼镜凯门鳄 眼镜凯门鳄是短吻鳄科的一员，它们生活在亚马孙河下游的湿地和河流中。眼镜凯门鳄在夜间捕食，以蜗牛、蟹类、鱼类和哺乳动物为食。为什么这种动物以“眼镜”命名呢？看，它们的两眼之间长着一块像眼镜架一样的横骨。

2 蛇怪蜥蜴 这种蜥蜴生活在河流附近，为了逃避天敌，它们已经演化出在水上行走的本领。幼年蛇怪蜥蜴可以在水上奔跑 10～20 米才沉入水中。成年蛇怪蜥蜴体重比较大，下沉速度更快一些。在水上行走一段距离后，蛇怪蜥蜴会落入水中，然后安全地游到岸上。

3 绿鬣蜥 这种爬行动物在白天活动，以植物的花朵、叶子和果实为食。它们生活在近水区域，为了逃避捕食者，它们会从树枝上跳入河中，游到安全地带。

4 巨型侧颈龟 这种河龟主要以果实、种子、叶子，以及藻类植物为食，也吃海绵动物、动物的卵和尸体。旱季，巨型侧颈龟将卵产在沙滩上的巢穴中，水位开始上升时，卵就会孵化。

5 奥里诺科鳄 奥里诺科鳄是奥里诺科河及其支流中的顶级捕食者。除鱼类外，它们还吃鸟类、哺乳动物和爬行动物，甚至偶尔还吃凯门鳄。在河中捕食时，它们那尖尖的鼻头能减少水的阻力。

6 森蚺 森蚺是世界上已知最重的蛇类，生活在亚马孙河流域的沼泽和水流缓慢的溪流中。这种蛇善于伪装，眼睛和鼻孔长在头顶，因此在伏击猎物时，它们能把身体几乎完全潜在水中而不被发现。逮住猎物后，它们会用身体牢牢地缠住猎物。

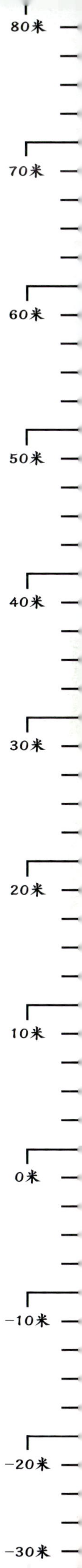

1. 巨骨舌鱼
体长：超过 2 米
寿命：长达 20 年
2. 大盖巨脂鲤
体长：约 70 厘米
寿命：约 40 年
3. 美洲肺鱼
体长：约 125 厘米
寿命：长达 100 年
4. 电鳗
体长：约 2 米
放电时电压：可达 600 伏

河流中的鱼类

亚马孙河及其支流中生活着 3000 多种鱼类，大多以藻类和其他植物为食，还有约 200 种鱼类以河岸树上掉落的果实为食。除此之外，这里还生活着一些食肉鱼类，例如红腹食人鱼、巨骨舌鱼和电鳗。

---

1 巨骨舌鱼 巨骨舌鱼是凶猛的食肉鱼类，也是世界上最大的淡水鱼之一。巨骨舌鱼主要吃鱼，有时它们也会一跃而起，跳出水面，在低垂的树枝上寻找猎物，比如蜥蜴、鸟类和小型哺乳动物。这种鱼必须每隔 10～20 分钟浮上水面换气。

2 大盖巨脂鲤 这种大型鱼类是传播种子的能手。丰水期间，它们以树上掉落的果实为食，而种子随着粪便排出，传播到各处。到了旱季，它们会游到河流的深水区域生活。

3 美洲肺鱼 美洲肺鱼的体形像鳗鱼，能用鳃和鳔呼吸，它们生活在沼泽和水流和缓的浅水中，在亚马孙河和其他南美洲河流中都有分布。到了旱季，它会钻入泥土开始“夏眠”（进入休眠状态），直到旱季结束，才会苏醒过来。

4 电鳗 电鳗虽名为“鳗”，但并不是鳗鲡目的成员，它属于淡水鱼类。电鳗在浅水的沼泽活动，它的身上长有一种独特的器官，可以产生强大电流，能用来探测并攻击猎物。

5 红腹食人鱼 这种鱼长着巨大而锋利的牙齿，是咬合力最强的鱼类之一。它们成群结队出没，主要以鱼类、小型哺乳动物、鸟类和爬行动物为食，也吃植物的果实、种子和叶子。

6 阿氏霓虹脂鲤 也叫红莲灯鱼，主要栖息在亚马孙河支流尼格罗河的黑水环境中。这种鱼身披荧光色外衣，色泽艳丽，即使在黑暗的水域中活动，也能轻松找到同伴。它们以隐藏在水下植物中的昆虫幼虫为食。

第四章：人类与雨林

生活在热带雨林中的人类

全世界的热带雨林中，共居住着大约5000万土著居民。过去，他们在雨林中获取食物和药材，雨林为他们提供了遮风挡雨的住所。但如今，很少还有土著居民完全遵循传统的生活方式。很多人开始种庄稼，并把粮食和手工制品拿到城镇的市场上出售。

即便如此，他们依然非常熟悉雨林，比如，他们很清楚怎么利用雨林里的药用植物来治疗疾病。

亚诺玛米人

南美洲的亚诺玛米人聚居在一种叫“亚诺”的环形公共房屋中，这种房屋用藤蔓和茅草建成，外观看起来像个甜甜圈。公共房屋的中央区域是庭院，用来跳舞和举办仪式。亚诺玛米人每年都会举行持续数天的大型庆祝活动，他们相信所有族人都是平等的，因此，部落没有首领。如今，亚诺玛米人主要以农产品为食，不过，在森林中狩猎和采集食物这一传统并没有被抛弃。

世界各地热带雨林分布图

阿丘雅人

阿丘雅人在亚马孙雨林中生活了数千年之久。雨林是阿丘雅人的食物来源。部落里的女性从雨林采摘食物，此外，她们还打理菜园，用篮子捕鱼。部落里的男性擅长狩猎，他们可以制作各式各样的狩猎工具，比如吹箭筒和陷阱。阿丘雅人相信梦境可以预测未来，因此，在阿丘雅文化中，梦非常重要。

姆布蒂人

在刚果河流域的热带雨林中，姆布蒂人过着游猎采集的生活。每次扎营时，他们会清除地面上的矮灌木，但不会破坏上方的树冠。姆布蒂男性擅长爬树，为了采集蜂蜜，他们甚至可以爬上高度超过 30 米的地方。狩猎时，他们使用弓箭、网和矛作为工具。

胡里人

胡里人生活在巴布亚新几内亚的高原雨林中。他们在雨林中狩猎、采集食物，也在土地上耕作。胡里人居住在圆形的草屋中。在过去，男性和女性分开居住在各自的小屋中。胡里人常常举办盛大的庆祝活动，男性头戴精致的头饰，脸上用黏土涂成黄色和红色。

森林采伐

全世界的热带雨林正面临着一个巨大的威胁——不合理的森林采伐。树木被大量砍伐的原因有很多：木材公司砍伐雨林的树木，制成木材产品；发电厂砍伐树木，燃烧木材以发电；造纸商把雨林木材制成纸浆，用来生产纸制产品。此外，为了开辟大片的空地来铺路，更多的树木被砍伐，这样，卡车才能开进森林，把砍倒的树木运出去。

非法采伐

木材公司必须获得政府的许可才能砍伐树木，但是，一旦木材公司修好了通往森林的运输道路，那些非法伐木者就会偷偷地顺着道路潜入森林，开始疯狂砍伐。秘鲁产出的木材中，有约 80%来自非法采伐。

商业采伐

商业用途是造成雨林被采伐的主要原因之一。热带地区生长的阔叶树特别适合用来制作家具等产品，但它们生长缓慢，一旦被砍伐，森林需要很多年才能恢复原貌。

选择性采伐

一些木材公司会采用一种叫“选择性采伐”的做法。他们不会采伐整片森林，只会采伐一些他们需要的树木，其他的树木则不受影响。虽然这种方法能更合理、更持续地利用森林资源，但同样存在问题。例如，被选择的树木并不是都长在同一个地方，一旦开始采伐，需要修建更多的道路才能把木材运出去。

道路

有了道路，伐木工、农民和矿工就能深入雨林中更为偏远的地带。在巴西亚马孙地区，约有 95%的森林采伐活动发生在距公路或河流 5 千米的范围内。眼下，雨林的道路网络在不断扩张，其中许多道路是非法采伐者在合法修建的道路附近偷偷开辟的小道。

木材有什么用途呢？

热带雨林的木材可以用于制作各种物品，包括家具、地板、船具、门窗、餐具、厨房用具，甚至棺材。

生物燃料

生物燃料已经成为汽车燃料的来源之一。生物燃料作物包括甘蔗、棕榈和大豆，它们可以转化为燃料乙醇和生物柴油。看上去使用生物燃料比化石燃料（如煤、石油）更加环保，但是，种植生物燃料作物需要开辟大量的土地，这会引发大规模的森林采伐。每年，有多达 32.5 万公顷的巴西雨林被砍伐，开辟土地用于种植大豆。

农业

每年都有数千平方千米的雨林被采伐，以开辟出土地，用来放牧牲畜和种植农作物。其中一小部分是贫穷的农民所为，他们砍伐小片森林，在空地上种庄稼来养家糊口。但是，大部分的采伐是大型农业公司所为，它们将森林改造成大型农场，用来种植大豆等经济作物。乱砍滥伐会造成许多危害，许多生物会失去原有的栖息地，水循环遭到破坏，土壤侵蚀也会进一步加剧。

刀耕火种

农民使用刀耕火种的方法将森林改造成农田，所谓“刀耕火种”，就是指通过砍伐森林和燃烧草木开发农田。由于雨林的土壤缺乏养分，土地在耕作两三年后便不再肥沃。因此，农民必须不断地通过刀耕火种开发新的农田。而在他们燃烧草木时，有时大火会失控，烧毁大片的雨林。

养牛业

养牛业也是导致亚马孙雨林被砍伐的主要原因之一。在巴西，大约有 45 万平方千米的雨林被砍伐并改造成了牧场。养牛业造成土壤侵蚀、河流淤积，还会增加大气中的温室气体的含量。

林粮间作

在雨林中生活的农民多采用一种叫“林粮间作”的农业形式，以便更加合理地利用自然资源。这种耕作方式不需要砍伐树木，而是在雨林的林冠下种植农作物。人们常常使用这种方式种植咖啡、可可、鳄梨、番石榴、柑橘和大蕉。有了林冠层遮阴，农作物长势良好。更重要的是，比起在阳光下种植农作物，这种方式需要使用的肥料和杀虫剂更少。

采矿与发电

亚马孙平原富含各种贵金属矿藏，包括铁、铜、锡、铝、锰、铝土、镍和金。为了开采这些宝贵的地下资源，大量森林被砍伐。此外，亚马孙河流域建有大大小小的水电站，与水电站配套的水库大坝一旦建成，就会加剧雨林洪水泛滥。

水力发电

亚马孙河上的水电大坝，既能为采矿作业输送电力，又能提供城镇所需用电。水能是一种可再生能源，但是当地兴建大坝会对环境产生重大影响。大坝阻断了鱼类洄游的道路，还会阻止沉积物和有机营养物质的流动，导致水位下降，使湿地变干，从而威胁到河流中野生动植物的生存，进而影响到以渔业为生的村落的生计。

洪水

水电大坝建成后，河水水位上升，会导致大面积的森林洪灾。这可能导致当地居民流离失所，此外，被淹没的植被还会释放出甲烷等温室气体。

开采矿藏

采矿公司砍伐森林，然后使用推土机和挖掘机在地上挖出深坑，以便开采金属矿石。他们还得为工人建造居住区，修建道路来运输矿石，这些行为都会破坏森林生态。2005—2015 年，采矿作业导致巴西 11670 平方千米的雨林被砍伐。

污染

巴西亚马孙地区有 450 多个非法采金场。矿工在河岸上引爆炸药，然后使用有毒的汞将金沙从淤泥中分离出来。汞会渗入土壤和河流，进入食物链，危害当地人的健康。

从身边做起

热带雨林不仅孕育了丰富的生物资源，还提供人类所需的木材、药用植物等资源，对地球的生态平衡起着至关重要作用。那么保护热带雨林，我们能做哪些身体力行的事情呢？

1. 少用或不用一次性筷子。
2. 纸张双面打印，循环利用。
3. 用毛巾和手帕代替纸巾。
4. 用餐时尽量自带餐具。

你还能想到哪些能够保护雨林的措施？快行动起来吧！

保护雨林，我们能做些什么？

世界各地的热带雨林正受到严重威胁。好消息是，许多组织正在竭尽全力挽救雨林。但是，这些组织也需要你的帮助。保护雨林，保护雨林野生动植物，我们都能贡献一份力量！行动起来，发出我们的呼声吧。

给候鸟一些帮助

在你家窗台上，是不是经常出现鸟儿的身影呢？这些鸟儿中，有些会在冬天迁徙到雨林。你可以放置一个喂鸟器或者搭建一个鸟舍，还可以用托盘装满水，为鸟儿提供戏水的场所。

筹集资金

为什么不想想办法，为保护雨林而筹集资金呢？你可以在学校组织一些义卖募捐活动，再把筹集的资金捐给适合的机构。你也可以组织雨林主题的演讲，在演讲的结尾呼吁观众为保护雨林捐款。

宝贵的资源

正如这本书中所介绍的，热带雨林是我们地球上最美丽的地方之一，在那里，随处可见奇妙的动植物。我们必须竭尽全力拯救雨林。

建言献策

保护雨林的相关组织可以根据有关法律，监测在雨林地区进行的非法伐木活动、农业耕作和采矿作业。这样做可以保护生物多样性，拯救濒危物种。我们也可以给这些组织写信，提供更好的建议。

词汇表

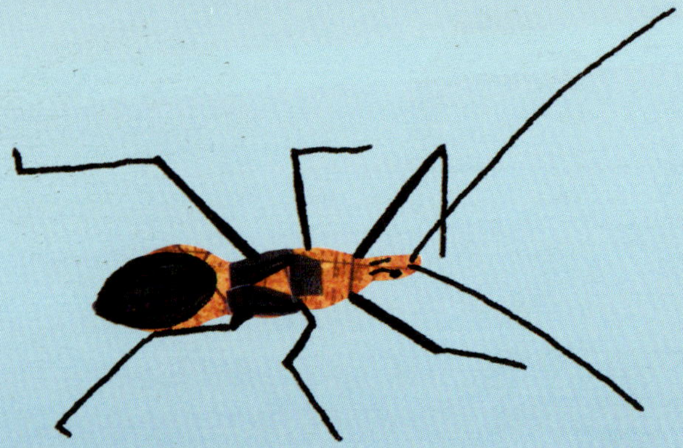

顶级捕食者：捕食其他生物的动物被称为捕食者，顶级捕食者就是位于食物链最高位置的动物。

分解者：生态系统中以植物的遗体、残骸、粪便等为食的生物，如细菌、真菌等。

附生植物：附着在其他植物表面的植物，如生长在热带雨林的蕨类植物、凤梨科植物和兰科植物。

光合作用：植物利用阳光，将二氧化碳和水合成生长所需的养分，并释放出氧气的过程。

花粉：种子植物雄蕊的花粉囊产生的细粉状颗粒。

花蜜：花朵分泌的甜味液体，能吸引昆虫及其他动物前来授粉。

化石燃料：煤、石油等由古代生物的遗骸历经数百万年形成的可燃性矿物。

回声定位：蝙蝠等动物通过发射声波，利用折回的声音来定位。

经济作物：经济价值较高，主要供作工业原料的一类作物。

阔叶树：常绿或落叶，一般叶面宽阔的树。

林冠层：森林中位于露生层之下，由枝叶交织形成的比较茂密的枝叶层。

林下层：在森林林冠层之下的植被层。

露生树：森林中比周围的树木更高的树。

猛禽：性格凶悍的肉食性鸟类。

气候变化：地球气候存在明显的和连续不断的变化。自 20 世纪中后期以来，地球气候正在经历一次以全球平均变暖为主要特征的变化。

森林采伐： 大面积砍伐森林树木的行为。

生态系统： 动植物群落与自然环境相互作用形成的统一整体。

生物多样性： 在一定时间和一定地区所有生物物种及其变异体、生态系统和生态过程的复杂性总称。

食腐动物： 以动物尸体或死去的植物为食的动物。

授粉： 植物花粉从雄蕊花药传到雌蕊柱头或胚珠上的过程。传粉媒介包括风、水、鸟类、昆虫及其他动物。

水力发电： 利用水位落差（水通常存储在大坝后面的水库中）驱动涡轮机，为发电机提供动力的发电方式。

土壤侵蚀： 在风力、水力、冻融等作用下或由人类活动造成的土壤被破坏、剥蚀的过程。

温室气体： 造成温室效应的气体，比如二氧化碳、甲烷，这些气体阻止热量自地球向外逃逸。

腺体： 动物体内的一种具有分泌功能的器官，能分泌特殊的化学物质以供体内使用或释放到体外。

养分： 为有机体提供营养的物质。

有机物： 有机化合物的简称，地球上所有的生命形式都是由有机物组成的。

羽衣： 鸟类全身的羽毛。

藻类： 一类低等植物，通常为水生。

真菌： 真核细胞型微生物，包括霉菌、酵母菌和蕈菌等。

栖息地： 也叫生境，指的是动植物等生物的自然居所或环境。

支流： 会直接或间接汇入干流的河流。

著者 亚历克斯·伍尔夫著有 150 多本书，其中大部分是儿童图书。他的作品题材非常广泛，包括罗马史、巧克力、小行星、鲨鱼、都铎王朝、爬行动物、肥皂、蜜蜂和青春痘。他的许多作品已被翻译成 10 多种文字出版。

绘者 伊索贝尔是一位插画家和设计师，在英国布莱顿市工作。她毕业于金斯敦大学插画和动画专业，毕业后专门从事儿童出版业，曾与多家知名出版公司合作，包括萨拉里亚图书公司、尤斯伯恩童书出版社、兰登书屋、DK 公司和好书公司。她善用多种绘画素材，如拼贴纸、铅笔、墨水和数字媒体，喜爱创作孩子们喜闻乐见的古怪角色，以细节丰富著称。

顾问 海伦·兰伯特已获理学学士（荣誉学位）和理学硕士学位，正攻读博士学位。她是全球知名的动物福利科学家和研究者，研究领域为动物情感。海伦曾在慈善机构服务多年，目前她正在经营自己的动物福利咨询公司。